Julius Cohnheim

Die Tuberkulose vom Standpunkte der Infektionslehre

Julius Cohnheim

Die Tuberkulose vom Standpunkte der Infektionslehre

ISBN/EAN: 9783743315402

Hergestellt in Europa, USA, Kanada, Australien, Japan

Cover: Foto ©berggeist007 / pixelio.de

Manufactured and distributed by brebook publishing software
(www.brebook.com)

Julius Cohnheim

Die Tuberkulose vom Standpunkte der Infektionslehre

DIE

TUBERKULOSE

VOM

STANDPUNKTE DER INFECTIONSLEHRE.

VON

JULIUS COHNHEIM,

O. O. PROFESSOR DER ALLGEMEINEN PATHOLOGIE U. PATHOLOGISCHEN
ANATOMIE AN DER UNIVERSITÄT LEIPZIG.

ZWEITE, MEHRFACH VERÄNDERTE AUFLAGE.

LEIPZIG,
ALEXANDER EDELMANN,
UNIVERSITÄTS-BUCHHÄNDLER U. UNIVERSITÄTS-BUCHDRUCKEREI.)
1881.

Nachstehende Abhandlung ist ursprünglich als Programm der Leipziger medicinischen Facultät gelegentlich des Bose'schen Gedenktages verfasst und als solches nur kleinen Kreisen zugänglich geworden. Mehrfache an mich ergangene Anfragen haben mich inzwischen veranlasst, dieselbe in vorliegender Form, im Uebrigen unverändert, zu veröffentlichen.

Leipzig, 10. October 1879.

Vorwort zur zweiten Auflage.

In dieser zweiten Auflage habe ich den Gang der Darstellung im Wesentlichen unverändert gelassen, doch bin ich auf die Frage der Disposition und der Vererbung etwas näher eingegangen, als es in der ersten geschehen.

Leipzig, 5. Februar 1881.

Cohnheim.

Die Tuberkulose

vom Standpunkte der Infectionslehre.

Wer in Zukunft die Entwicklung unserer Kenntnisse von der Tuberkulose darstellen will, wird es immer für ein besonderes Glück ansehen, dass in der Mitte der 60er Jahre kein Geringerer, als Virchow, in mehreren grösseren Aufsätzen die Summe dessen gezogen, wozu er durch vieljährige umfassende Untersuchungen über diese Krankheit gelangt war, und damit zugleich den Standpunkt der damals herrschenden Doctrin, die ja ganz wesentlich aus seinen Arbeiten hervorgegangen war, ausführlich und eingehend dargelegt hat. Denn zu eben dieser Zeit geschah in Frankreich jene Entdeckung, von der, wenn ich nicht irre, der Historiker der Tuberkulose nicht blos einen unvergleichlichen Fortschritt, sondern geradezu eine völlige Umgestaltung unserer Auffassung auf diesem Gebiete datiren wird. In der That dürfte es wenige Funde gegeben haben, welche in gleichem Grade die Gemüther der Aerzte afficirten, als Villemin's Nach-

weis der Uebertragbarkeit der Tuberkulose. Ueberall,
wo überhaupt wissenschaftlich gearbeitet wurde, setzten
sich alsbald Köpfe und Hände in Bewegung, Villemin's
Angaben zu prüfen und seine Versuche zu wiederholen,
anfangs überwiegend mit abweichenden Resultaten, und
nur Einzelne rückhaltlos zustimmend. Inzwischen sind
der Widersprechenden immer Wenigere geworden, und
heute möchte schwerlich noch ein Pathologe existiren,
der es leugnete, dass die Tuberkulose eine über-
tragbare Infectionskrankheit ist. Trotzdem hat man
mehr als sich erwarten liess, und jedenfalls mehr, als
nöthig gewesen wäre, gezögert, die Consequenzen dieser
denkwürdigen Thatsache auch für die menschliche Pathologie zu ziehen. Täusche ich mich nicht, so ist die
Tuberkulose für die grosse Mehrzahl der Aerzte noch
immer Nichts, als die weitverbreitetste und sowohl des-
wegen, als auch wegen ihrer Unheilbarkeit gefürchtetste
aller Krankheiten, der Schrecken des Publikums und das
Kreuz der Aerzte, eine Krankheit, die man als ein nun
einmal gegebenes Product unserer socialen Verhältnisse
acceptiren muss; vielleicht gerade, weil ein Jeder Tag
aus Tag ein das phthisische Krankheitsbild in hundert-
fältiger, stets ähnlicher Wiederholung beobachtet, fragt
Niemand nach der Ursache dieser Uebereinstimmung, und
selbst in den neuesten, mir bekannt gewordenen Dar-
stellungen sind es fast ausschliesslich die alten Probleme,
welche erörtert werden. Vielleicht darum, dass es nicht
unwillkommen ist, wenn ein pathologischer Anatom es

versucht, die ihm zugänglichen Seiten der in Rede stehenden Krankheit, soweit es der knappe Rahmen dieser Gelegenheitsschrift gestattet, von den neugewonnenen Gesichtspunkten aus zu betrachten.

Der Kernpunkt der Virchow'schen Lehre, den er nicht müde wird, immer von Neuem nachdrücklich zu betonen, besteht bekanntlich in der scharfen Trennung des eigentlichen Tuberkels von den in Verkäsung ausgehenden entzündlichen und hyperplastischen Processen. Der Tuberkel ist nach ihm ein in den jüngsten Exemplaren kaum über stecknadelspitzgrosses, jedenfalls submiliares, aus rundlichen lymphkörperartigen Zellen bestehendes Knötchen, das bis zur Grösse eines Hirsekorns wachsen kann; wo man auf voluminösere Knoten stösst, z. B. in den sog. Solitärtuberkeln des Hirns, sind dieselben immer durch Confluenz zahlreicher kleiner Knötchen entstanden. Denn statt dass die einzelnen Tuberkelknötchen noch weiter wachsen, erleiden sie vielmehr zunächst in ihrem Centrum eine eigenthümliche aus Wasserverlust und Verfettung combinirte Veränderung, für welche Virchow den glücklichen Namen der Verkäsung gewählt hat. Die verkästen Abschnitte aber fallen früher oder später der Nekrose anheim, und es kommt damit zur Erweichung und, wenn die Knötchen oberflächlich in einer Schleimhaut sitzen, zur Geschwürsbildung. Dem gegenüber haben die in Verkäsung ausgehenden hyperplastischen und entzündlichen Processe, als deren beste Paradigmata der scrophulöse Lymph-

drüsentumor und die käsige Pneumonie gelten können, mit Tuberkelknötchen nichts zu thun, sondern es
sind echte Hyperplasien und echte Entzündungen, die
sich von den gewöhnlichen nur in der ferneren Geschichte
ihrer Producte, d. h. darin unterscheiden, dass die letzteren weder resorbirt werden, noch auch eine productive
Weiterentwicklung eingehen, sondern die käsige Metamorphose erleiden. Die Uebereinstimmung dieser
Metamorphose mit der der eigentlichen Tuberkel erkennt
Virchow bereitwillig an; aus dieser Gleichheit des End-
oder wenigstens regressiven Stadiums aber mit Laennec
eine innige Verwandtschaft der beiden Prozesse erschliessen
zu wollen, dazu bestreitet er um so mehr die Berechtigung, als sich eben dieselbe Verkäsung auch bei völlig
heterogenen Producten, z. B. bei gewöhnlichen Exsudaten,
ferner im Innern von Carcinomen und Sarkomen, ja selbst
Myomen und weichen Chondromen, nicht eben selten
finde. Nicht die Verkäsung als solche, sondern nur das
ist nach ihm für die tuberkulösen und scrophulösen Individuen characteristisch, dass diese käsige Metamorphose
sich bei ihren, wie und wodurch auch immer entstande-
nen pathologischen Producten so constant und meist auch
so früh einstellt.

Prüfen wir nun, wie wir heutzutage die uns be-
schäftigenden Processe definiren, und was wir von ihrer
anatomischen Geschichte wissen, so scheinen sich für die
oberflächliche Betrachtung nur geringfügige Unterschiede
herauszustellen. Am abweichendsten dürfte noch unsere

gegenwärtige Auffassung der Verkäsung sein. Denn wir
sehen in derselben nicht mehr Verfettung mit Wasserverlust, sondern jene eigenthümliche, von Niemandem
eingehender, als von Weigert studirte, übrigens in der
Pathologie sehr weitverbreitete Form der Nekrose, für die
ich die Bezeichnung der Coagulationsnekrose vorge-
schlagen habe. Die verkästen Theile enthalten in der
Regel nur sehr geringe Mengen Fett, dagegen haben sie
die Consistenz von derb geronnenem Eiweiss, sind kern-
los, nehmen die gebräuchlichen mikroskopischen Farbstoffe
nicht an — kurz, sie haben alle die Eigenschaften, welche
Weigert als die Kriterien dieser Form der Nekrose
kennen gelehrt hat; für uns brauchen sie also nicht erst
der Nekrose anheimzufallen, sondern sie sind bereits
nekrotisch, und die Erweichung und Ulceration nur
die directe Consequenz der Verkäsung, zu der es eines
neuen Anstosses nicht bedarf. Den Tuberkel beschreiben
wir dagegen noch heute mit Virchow's Worten, nur
dass wir inzwischen damit vertraut geworden sind, dass
inmitten der lymphkörperartigen Zellen, welche den Grund-
stock des Knötchens ausmachen, stets noch etliche grössere,
epithelioide und insbesondere gewöhnlich eine oder mehrere Riesenzellen mit wandständigen Kernen vorkommen,
deren Existenz freilich auch Virchow nicht unbekannt
war, auf deren Häufigkeit indess erst Langhans auf-
merksam gemacht hat. Auch die anatomische Geschichte
des scrophulösen Lymphdrüsentumors ist lediglich durch
den von Schüppel gelieferten Nachweis vervollständigt

worden, dass echte und distincte Tuberkel viel häufiger dabei concurriren, als man bis dahin gemeint hatte. Vollends ist Buhl's Versuch, an die Stelle von Virchow's verkäsender Lobulärhepatisation eine Desquamativpneumonie zu setzen, gänzlich gescheitert. Denn wenn wir es auch als eine schätzenswerthe Bereicherung unseres Wissens begrüssen, dass wir mit dem Vorkommen zahlreicher grosser epithelartiger Zellen in den früheren Stadien dieser Pneumonien bekannt gemacht worden sind, so war es doch schon schwer begreiflich, wie Buhl über diesen Zellen die eigentlich entzündlichen Vorgänge hat übersehen können. Inzwischen aber ist es durch die Arbeiten Ziegler's und besonders Senftleben's über die Schicksale der Exsudatkörperchen unwahrscheinlich geworden, dass jene epithelartigen Zellen überhaupt wirkliche Epithelien und nicht vielmehr veränderte farblose Blutkörperchen sind, und wer, wie ich, es gesehen hat, wie in den in Alkohol gehärteten Lungenstücken, die Senftleben in die Bauchhöhle lebender Kaninchen gebracht, sich in kurzer Zeit die typischeste Desquamativpneumonie etablirte, der wird sich durch Buhl's Zweifel nicht in der Ueberzeugung von dem entzündlichen Ursprung der verkäsenden Hepatisationen irre machen lassen. Alles in Allem sind das offenbar keine grösseren Veränderungen, als wohl jeder Theil des medicinischen Wissens durch die Verbesserungen der Untersuchungsmethoden im Laufe einiger Decennien erfährt, und handelte es sich blos um diese, so wäre kaum ein Grund abzusehen, weshalb man die anscheinend so wohlbegründete Virchow'sche Lehre verlassen sollte. Und doch — wie völlig anders stehen wir gegenwärtig diesen ganzen Fragen gegenüber! Dass dem so ist, das verdanken wir, ich brauche es nicht zu wiederholen, einzig und allein der Entdeckung der Uebertragbarkeit der Tuberkulose. Wenn man, so lautete der ursprüngliche Villemin'sche, seitdem allseitig bestätigte Satz, tuberkulöse Substanz dem Körper eines Thieres einverleibt, so bekommt dasselbe echte Tuberkulose. Nicht jedes Thier freilich gleich sicher; so sind beispielsweise Hunde sehr wenig empfänglich für das tuberkulöse Gift, während Kaninchen und Meerschweinchen es in ausgezeichnetem Grade sind. Auf welchem Wege die Substanz dem Versuchsthiere beigebracht worden, ist nahezu gleichgiltig; das gewöhnliche und jedenfalls bequemste Verfahren ist die Inoculation mittelst einer kleinen Verwundung, sei es ins subcutane Zellgewebe, in die Pleura- oder Peritonealhöhle oder die vordere Augenkammer; doch haben Chauveau u. A. die Kaninchen auch durch Fütterung mit tuberkulösen Massen inficirt, und in München gelang es ebenso, Thiere durch Einathmung zerstäubter tuberkulöser Sputa tuberkulös zu machen. Auch ob viel oder wenig tuberkulöse Substanz und ob diese allein oder zugleich anderweites Gewebe, z. B. Lungenstücke mit darin zerstreuten Tuberkeln, übertragen werden, verschlägt nicht viel; weit wichtiger ist es dagegen, dass die betreffende Masse möglichst frisch

und unzersetzt inoculirt wird. Je frischer sie ist, je
weniger desshalb septische u. dergl. Wirkungen concurriren, desto wirksamer ist sie und desto sicherer die Infection. Wie die letztere geschieht, das lässt sich am
besten an den Thieren ersehen, denen die tuberkulöse
Substanz in die vordere Kammer gebracht worden. Wenn
sie wirklich frisch ist, so pflegt die anfängliche Reizung
bald vorüberzugehen, das Stückchen wird allmählich kleiner und kleiner und kann selbst völlig verschwinden,
und eine Zeit lang erscheint dann das Auge durchaus
klar und intact, bis plötzlich in der Iris eine mehr oder
weniger grosse Zahl feinster grauer Knötchen erscheint,
die, ganz wie die menschlichen Tuberkel, bis zu einer
gewissen Grösse wachsen, dann verkäsen etc. Bei den
Kaninchen haben Salomonsen und ich die Eruption
der Tuberkel gewöhnlich um den 21. Teg nach der
Impfung beobachtet, bei den Meerschweinchen in der
Regel schon eine Woche früher; doch habe ich kürzlich
einmal auch beim Kaninchen das Incubationsstadium auf
14 Tage herabgehen sehen, und zwar sowohl bei der
ersten Impfung vom Menschen auf Kaninchen, als auch
bei jeder folgenden Generation der Weiterimpfung.

Ihre volle Bedeutung haben aber diese Erfahrungen
erst dadurch erhalten, dass zugleich festgestellt werden
konnte, dass nur durch die Uebertragung von tuberkulöser Substanz und von nichts Anderem Tuberkulose erzeugt wird. Denn damit haben wir für letztere Krankheit
ein Kriterium gewonnen, wie es schärfer und vortreff-

licher gar nicht ersonnen werden kann. Zur Tuberkulose gehört Alles, durch dessen Uebertragung auf
geeignete Versuchsthiere Tuberkulose hervorgerufen wird, und Nichts, dessen Uebertragung
unwirksam ist. Wie viel aber damit gewonnen ist,
weiss nur der ganz zu würdigen, der sich ernstliche
Mühe gegeben, in den Leichen der gewöhnlichen Phthisiker die anatomische Geschichte der chronischen Lungentuberkulose zu studiren. Wer von uns hat sich beim
Anblick eines vereinzelten kleinen Käseheerdes der
Lungenspitze nicht immer wieder die Frage vorgelegt, ob
dies der eingedickte Inhalt einer einfachen Bronchiektase
oder ein tuberkulöser Heerd sei? und die peribronchiti-
schen Knötchen nicht immer wieder darauf angesehen, ob
es gewöhnliche Entzündungsproducte oder fibröse Tuberkel
seien? Es hat ja eine Zeit gegeben, wo man jeden harten
Knoten und jede chronische, wie auch immer beschaffene
Verdichtung in der Lunge zur Tuberkulose rechnete, so
dass damals der aus meiner Studienzeit mir wohl erinner-
liche Spruch eines alten Greifswalder Stabsarztes, „ein
bischen Tuberkulose habe am Ende Jeder", eine unzweifel-
hafte Berechtigung hatte. Inzwischen haben wir vor Allem
die Staubinhalationskrankheiten kennen gelernt, und wir
wissen, dass ausser feinvertheilter Kohle und etlichen be-
sonderen und gutcharacterisirten Substanzen, als Ultra-
marin, Eisenoxyd, Sand u. a., auch allerlei organische und
anorganische Bestandtheile des Strassenstaubes mit der
Athmungsluft in die Lungen eindringen und dort Ursache

zu mehr oder weniger verbreiteten chronisch-entzünd-
lichen Processen werden können, deren Producte in Ge-
stalt von fibrösen Knötchen, derben Schwielen, schiefrigen
Indurationen u. dergl. in der Lunge verbleiben. Aber je
mehr man mit diesen Inhalationsvorgängen vertraut und
dieser Erkrankungsmöglichkeiten sich bewusst geworden
ist, desto lebhafter musste das Verlangen nach einem
sicheren Unterscheidungsmerkmal zwischen diesen Processen und den eigentlichen tuberkulösen Veränderungen
werden, und zwar um so mehr, als beide ja nur zu oft
neben einander in demselben Individuum vorkommen.
Nun, die Uebertragbarkeit ist ein solches Kriterium. Man
impfe nur mit den schiefrigen Indurationen und peri-
bronchitischen Knötchen oder mit dem eingedickten Inhalt
einer bronchiektatischen Höhle — das Kaninchen wird
darauf nicht mit Tuberkulose antworten, die nicht ausbleibt,
wenn das überimpfte Stück wirkliche Tuberkel enthielt.

Und was lehrt nun der Impfversuch hinsichtlich der
menschlichen Tuberkel auf der einen, der in Verkäsung
ausgehenden entzündlichen und hyperplastischen oder,
kurz gesagt, scrophulösen Processe auf der andern Seite?
Nicht mehr und nicht weniger, als dass alle diese
Producte in gleichem Grade wirksam sind. Wird
einem Kaninchen ein Stück tuberkulösen Bauchfells oder
Hirnhaut in die Peritonealhöhle gebracht, so entsteht dar-
nach eine typische Tuberkulose zuerst der Unterleibs-
organe. Aber die Inoculation eines käsig-pneumonischen
Lungenläppchens oder eines käsigen Hodenstückes hat

genau dasselbe Resultat, und nichts möchte ich für die Impfversuche mehr empfehlen, als frisch exstirpirte scrophulöse Halslymphdrüsen. Daraus folgt aber mit unweigerlicher Consequenz, dass die genannten Processe, trotz der Verschiedenheit ihrer anatomischen Genese, durchaus zusammengehören. Oder wollte Jemand, weil die syphilitische Caries ein anderer anatomischer Process ist, als die syphilitische Hyperostose, oder die anatomische Genese eines Hirngumma eine andere als die eines Psoriasisfleckes, wollte Jemand, frage ich, all diese Dinge von einander völlig abtrennen und jede Beziehung zwischen ihnen leugnen? In der That, wer das Unzureichende und Unzuverlässige der rein anatomischen Beweisführung in der Pathologie darthun will, für den möchte es kaum ein grelleres Beispiel geben, als die Geschichte der tuberkulösen Doctrin. Die Laennec'sche Auffassung, welche in der Neigung zur Verkäsung das Kriterium der Tuberkulose sah und desshalb die käsige Pneumonie unbedenklich als infiltrirte Tuberkulose der disseminirten an die Seite stellte, glaubte Virchow durch den Hinweis auf die Verkäsungen der Exsudate und der oben erwähnten Geschwulstarten verwerfen zu dürfen. Gewiss mit gutem Grund. Wenn nun aber Virchow das aus lymphkörperartigen Zellen zusammengesetzte, rundliche Knötchen als das Kriterium der Tuberkulose aufstellte, so konnte ihm mit ebenso gutem Grund entgegengehalten werden, dass dann auch manches syphilitische oder lupöse Knötchen, manches Lymphom und

selbst manches völlig unschuldige Granulom der Tuberkulose eingereiht werden müsse. Und doch haben Beide
bis zu einem gewissen Grade Recht. Weder die Verkäsung, noch das Knötchen dürfen aus der Geschichte
der Tuberkulose gestrichen werden, obschon keines von
beiden an sich für die Tuberkulose characteristisch ist.
Vielmehr sind die käsige Coagulationsnekrose und ebenso
das aus Lymphkörperchen bestehende rundliche Knötchen
nur dann der Tuberkulose zuzurechnen, wenn ihre Uebertragung Tuberkulose zu erzeugen vermag, d. h. wenn
sie selber Product des tuberkulösen Virus sind.
Die Impfung mit einem verkästen Sarkom- oder Myom-
stück hat niemals Erfolg, und auch mittelst Inoculation
von Lupusknötchen und einfachen Lymphomen ist es niemals geglückt, die Tuberkulose hervorzurufen, welche nach
Uebertragung von echten Tuberkeln und scrophulösen
Lymphdrüsen, wie gesagt, niemals ausbleibt. Auch für
die mikroskopische Prüfung steht es nicht anders. Zur
Zeit der Anfänge der pathologischen Histologie hat Lebert
das Kriterium des Tuberkels in jenen geschrumpften, saft-
und glanzlosen Bildungen gesucht, die wir heutzutage als
„kernlose Schollen" bezeichnen würden: neuerdings hat
es eine Weile geschienen, als wollte man die Riesenzellen
mit wandständigen Kernen zu pathognomonischen Kenn-
zeichen des Tuberkels stempeln. Nun, kernlose Schollen
giebt es freilich in allen tuberkulösen und scrophulösen
Producten, sobald die Verkäsung in ihnen Platz gegriffen,
aber auf die gleichen kernlosen Schollen stösst man auch

in allen möglichen anderweiten Heerden der Coagulationsnekrose, und die Riesenzellen vermisst man in vielen
syphilitischen und lupösen Knötchen ebensowenig, als in
den echten Tuberkeln. So steht also gegenwärtig die
Sachlage: nicht die Verkäsung mit den kernlosen Schollen
und nicht das Knötchen mit den Riesenzellen sind characteristisch für die Tuberkulose, sondern lediglich die
aus specifischer Ursache hervorgegangene Verkäsung und das aus derselben specifischen Ursache hervorgegangene Knötchen. Man mag sich
dagegen sträuben, soviel man will, es hilft nichts, die
anatomische Definition reicht für den Tuberkel und die
Tuberkulose nicht mehr, sondern sie hat der ätiologischen
weichen müssen. Immerhin mag, wer dies beklagt —
und ich verkenne nicht, dass für die pathologisch-anato-
mische Diagnose daraus gewisse Unbequemlichkeiten er-
wachsen sind — der mag, sage ich, die Hoffnung nicht
aufgeben, dass auch die anatomische Definition wieder
zu ihrem Rechte gelangen wird. Dass das Problem, das
tuberkulöse Virus morphologisch bestimmt zu characteri-
siren, bereits gelöst sei, wage ich auch nach Klebs'
neuesten, durch Sorgfalt und Fleiss gleich ausgezeichneten
Arbeiten nicht zu behaupten. Wer aber von der parasi-
tären Natur der infectiösen Virusarten überzeugt ist, der
wird an der corpusculären Beschaffenheit auch des tuberkulösen Giftes nicht zweifeln und desshalb mit Sicherheit
erwarten, dass in einer, hoffentlich nicht zu fernen Zukunft,
im Innern der Tuberkelknötchen und der scrophulösen Pro-

ducte der Nachweis jener specifischen corpusculären Elemente
gelingen werde, welche dann ein Liebhaber historischer Namen
wiederum als „Tuberkelkörperchen" bezeichnen mag.

So lange aber dies Ziel nicht erreicht ist, giebt es
kein anderes sicheres Kriterium für die Tuberkulose, als
ihre Infectiosität. Freilich bedarf es zu deren Feststellung
nicht in jedem einzelnen Falle eines expressen Versuches,
so wenig als der Arzt, zu dem ein Kranker mit einem
Schanker kommt, sich erst durch einen Uebertragungs-
versuch über dessen Ansteckungsfähigkeit zu informiren
pflegt. Ja, die Geschichte der Syphilis ist in noch höhe-
rem Grade dadurch lehrreich für unsere Frage, dass die
Thatsache ihrer Uebertragbarkeit weitaus früher erkannt
ist, ehe überhaupt ein absichtlicher Inoculationsversuch
jemals unternommen worden. So sind denn auch den
älteren Pathologen die mannigfachen Analogieen nicht
entgangen, welche der Verlauf der Tuberkulose mit gewissen unzweifelhaft infectiösen Processen darbietet, und
Virchow insbesondere hat geradezu den Satz aufgestellt,
dass, wenn die Tuberkulose sich einmal im Körper etablirt
habe, sie sich verhalte wie ein infectiöses Agens, das von
Organ zu Organ im Körper fortschreite und fast überall
hin sich verbreiten könne. Wie weit aber diese Auffassung der Infectiosität von der unsrigen abweicht, zeigt
nichts schlagender, als die von Virchow bei derselben
Gelegenheit gezogene Parallele mit den malignen Geschwülsten, die doch Niemand für übertragbar in unserm
Sinne ausgiebt. Eine präcise Vorstellung können wir

ohnehin kaum mit einer Substanz verbinden, die in einem
menschlichen Organismus entstanden, für diesen selbst
und seine Theile infectiös werden, dagegen für andere
Menschen und Thiere unschädlich sein soll; und es war
jene Bezeichnung darum mehr der Ausdruck einer gewissen Empfindung, zu der die richtige Beobachtung der
anatomischen Thatsachen drängte, welche aber volle Klar-
heit erst durch den Villemin'schen Versuch gewonnen
hat. Auch sonst haben die Impfversuche völlig neue
anatomische Thatsachen nicht gelehrt. Dass Tuberkel und
scrophulöse Entzündungsproducte verkäsen, die verkästen
Abschnitte später erweichen und einschmelzen und dadurch in parenchymatösen Organen zu Hohlräumen, Ca-
vernen, an Schleimhäuten zu Geschwüren Anlass geben,
ist ja seit Laennec wohlbekannt; auch wusste man
längst, dass die Tuberkel sich sehr gern mit echt entzündlichen Processen combiniren, wobei man ebensowenig
sagen kann, die Tuberkel seien die Ursache der Perito-
nitis oder Meningitis, der Orchitis oder Bronchitis, als
etwa das Umgekehrte; und auch das Zusammenvorkom-
men der echten Tuberkel mit scrophulösen Producten,
z. B. käsigen Halslymphdrüsen und käsiger Hepatisation
mit Bronchial- und Pleuratuberkeln, war so wenig neu,
dass ja gerade die Häufigkeit dieser Combinationen eins
der Argumente gewesen ist, aus welchen Laennec die
enge Verwandtschaft seiner infiltrirten und disseminirten
Tuberkulose erschloss. Die Impfversuche haben uns nur
Gewissheit darüber verschafft, dass alle diese Dinge wirk-

2*

lich Effecte des tuberkulösen Virus sind, und sie haben
uns die Möglichkeit gewährt, dort einen causalen Zusammenhang zu sehen, resp. zu suchen, wo wir vorher
nur mit häufig wiederkehrenden, thatsächlichen Verhält-
nissen zu rechnen vermochten. Was das aber heisst,
wird am Besten einleuchten, wenn man es einmal versucht, von diesem Standpunkte aus die anatomische Geschichte der Tuberkulose in den Details der verschieden-
artigen Einzelfälle zu verfolgen.

Das hierbei leitende Princip läuft, wie bei allen örtlich wirkenden Infectionskrankheiten, darauf hinaus, dass
überall da ein tuberkulöses oder scrophulöses
Product entsteht, wo das tuberkulöse Virus hin-
kommt und längere Zeit verweilt, d. h. Gelegenheit
findet, sich anzusiedeln und einzunisten. Für die Localisation ist desshalb in erster Linie bestimmend die Eingangspforte: ist aber das Virus einmal im Körper, so
richtet seine Weiterverbreitung sich nach den localen
Einrichtungen, den natürlichen Strassen des Organismus, und es wird in Folge dessen der Verlauf sich
auf der einen Seite sehr verschieden gestalten, während
auf der andern die eventuelle Verschleppung des Virus
mittelst des Blutstroms es ermöglicht, dass in jedem Falle
ein oder das andere, ganz entfernte Organ Sitz von Tuberkeln werden kann. Die Bedeutsamkeit der Eingangspforte für die Localisation der Tuberkulose wird am
schlagendsten durch die Inoculationsversuche illustrirt.
Auf die Einbringung der Tuberkelstückchen in die Bauch-

höhle folgt constant zuerst Bauchfells-, Milz- und Leber-
tuberkulose, nach Impfung in die vordere Kammer er-
krankt zuerst die Iris, nach Fütterung der Darm und die
Mesenterialdrüsen, nach Inhalation zerstäubter Sputa die
Lungen und die Bronchialdrüsen, und wenn subcutan
geimpft worden, so verkäsen zuerst die der Impfstelle
benachbarten Lymphdrüsen. In den menschlichen Leichen
sind wir freilich noch ausser Stande, das Virus selbst von
Ort zu Ort zu verfolgen; doch gestattet die häufige, fast
regelmässige Wiederholung gewisser Befunde, auch hier
einige, wie ich denke, wohlberechtigte Schlüsse.

Bei Weitem am häufigsten gelangt das tuberkulöse
Virus in den menschlichen Organismus mit der Athmungsluft. Denn nur so lässt sich meines Erachtens
die an allen Orten und zu allen Zeiten gemachte Erfah-
rung erklären, dass kein Organ in gleicher Häufigkeit
und Intensität von der Tuberkulose befallen wird, wie
die Lungen. Wenn ausserordentlich oft die Lungen mit-
sammt Bronchialdrüsen und Pleuren die einzige Localität
sind, in der die Tuberkulose sich etablirt hat, wenn in
zahllosen andern Fällen Krankengeschichte und Leichen-
befund lehren, dass die Erkrankung der Lungen der aller
übrigen Organe voraufgegangen, so kann dies doch offenbar in nichts Anderem seinen Grund haben, als in dem
primären und unmittelbaren Befallenwerden der Lungen
durch das Virus. Diese Auffassung wird noch ganz besonders gestützt durch die Häufigkeit, mit der die Pleura
und noch mehr die bronchialen und trachealen Lymph-

drüsen schon in sehr frühen Stadien der Krankheit ergriffen werden, der Art, dass man zuweilen eine ausge-
sprochene tuberkulöse Pleuritis und noch häufiger eine
vorgeschrittene und weitgediehene Verkäsung der genannten Drüsen trifft, ohne dass zugleich in den Lungen mehr
als sparsame Knötchen oder geringfügige käsige Infiltrate
aufzufinden sind; denn dies anscheinend paradoxe Verhältniss findet seine vollständige Analogie in der Sicherheit und besonders Geschwindigkeit, mit der eingeathmete
Kohletheilchen die Pleura und die bronchialen Lymphdrüsen erreichen. Unter welchen Umständen nun auf
die Einathmung des Virus infiltrirte, unter welchen dis-
seminirte Tuberkulose entsteht, das zu beurtheilen, reichen
unsere Kenntnisse noch nicht aus; genug, dass beides.
die käsige Pneumonie, sowie die bronchialen und Lungen-
tuberkel Effecte des in den Luftwegen eingenisteten Virus
sind. Gleichzeitig mit, oder im Gefolge der Lungenaffec-
tionen erkranken die Pleura und die bronchialen resp.
trachealen Lymphdrüsen, und damit würde nun die erste
tuberkulöse Reihe jedesmal abgeschlossen sein, wenn nicht
die anatomische Verbindung der Luftwege untereinander
und mit dem Digestionskanal noch sehr häufig eine
Weitererkrankung zu Wege brächten. Sobald insbesondere in den tuberkulösen Producten der Lungen Zerfall
und Ulceration Platz gegriffen, muss nothwendig mit den
Sputis ein Quantum tuberkulösen, desshalb infectiösen
Materials die Lungen wieder verlassen. Dies gelangt zunächst in die Trachea und den Kehlkopf und kann hier,

wenn es irgendwo haften bleibt, Tuberkel und tuberkulöse
Geschwüre erzeugen; demnächst ist der Pharynx, das
Palatum und die Gegend der Zungenwurzel mit den Ton-
sillen exponirt, und sehr viel davon wird sicher ver-
schluckt. Durch den Oesophagus geschieht die Passage
viel zu rasch, und auch das unterliegt keinem Zweifel,
dass der saure Magensaft der Ansiedelung und Weiterentwicklung des organisirten Tuberkelvirus nicht günstig
ist — daher die ungemeine Seltenheit der Tuberkulose
in Speiseröhre und Magen. Indess ist es keineswegs
ausgemacht, ob der Magensaft das Virus nur an seiner
Entwicklung zeitweilig hindert, oder ob er es wirklich
verdaut und vernichtet, und wenn vollends, wie so oft
bei den Phthisikern, schon in Folge der reichlich verschluckten Sputa Magenkatarrh sich entwickelt, so steht
dem Uebertreten des Virus in den Darm kein wesent-
liches Hinderniss mehr entgegen. Hier aber wird eine
Infection am leichtesten in den Regionen erfolgen, wo
der Darminhalt längere Zeit verweilt, d. h. in der Gegend um die Ileocoecalklappe, dem unteren Ileum,
dem Coecum und Colon adscendens; die höhern und tie-
fern Darmabschnitte sind erst in zweiter Linie bedroht.
Auch lässt sich unmittelbar ableiten, in welchen Theilen
der Darmwand die Tuberkulose sich etabliren wird; an
denjenigen Stellen nämlich, wo alle aufgenommenen, re-
sorbirten Substanzen zuerst aufgehalten werden, d. h. den
lymphatischen Apparaten der Darmwand, den isolirten
und agminirten Follikeln: sie sind darum, wie be-

kannt, der Sitz der Verkäsungen und der tuberkulösen Geschwüre im Darme. Gleichzeitig mit ihnen oder wieder in deren Gefolge erkranken dann einestheils die mesaraischen Lymphdrüsen, während anderntheils die tuberkulösen Geschwüre dem Virus den Eintritt ins Pfortadersystem eröffnen und damit die Leber gefährden; wie ausserordentlich häufig in der That die Lebertuberkeln bei den Phthisikern sind, weiss Jeder, der sich die Mühe genommen, dies Organ in allen Fällen chronischer Tuberkulose genauer zu untersuchen. Mit dieser Combination schliesst der Process bekanntlich so häufig ab, dass sie geradezu das klassische Bild der gewöhnlichen Lungen-Darmschwindsucht darstellt; mitunter indess greift er noch weiter. So kann direct vom Darme aus durch Verschleppung des Virus auf dem Wege des Choledochus eine Gallengangtuberkulose inducirt werden; häufiger und jedenfalls wichtiger ist das Uebergreifen der Tuberkulose von tiefen Darmgeschwüren aus auf das Peritoneum. Andererseits brauche ich wohl kaum zu bemerken, dass das mit der Athmungsluft in den Körper gelangende Virus auch schon unmittelbar ohne Intercurrenz einer Lungenerkrankung den Kehlkopf, resp. die Trachea inficiren kann: ein Verhältniss, das den Klinikern längst als sog. primäre Kehlkopfstuberkulose bekannt ist.

Ist in den vorstehend geschilderten Fällen die Erkrankung des Digestionskanals secundär, so kann letzterer auch die Eingangspforte des Virus bilden. Dahin rechne ich vorzugsweise die Fälle, in denen man eine vorgeschrittene Tuberkulose des Darmes und der Mesenterialdrüsen, resp. auch des Peritoneum findet, bei Integrität oder doch sehr geringfügiger Erkrankung der Lungen: eine Localisation der Tuberkulose, die beim Erwachsenen freilich nur ausnahmsweise, desto häufiger dagegen bei kleinen Kindern vorkommt und als Phthisis mesaraica übel genug berüchtigt ist. Weshalb gerade kleine Kinder in dieser Hinsicht so gefährdet sind, dafür dürfte die ausreichende Erklärung in den Experimenten von Gerlach, Klebs, Orth, Baumgarten u. A. zu finden sein, welche die innige Verwandtschaft zwischen dem Virus der Rinderperlsucht und dem der menschlichen Tuberkulose gezeigt und den Nachweis geführt haben, dass das Perlsuchtvirus in die Milch der erkrankten Rinder übergeht. Ob auch die Milch tuberkulöser Frauen Träger des tuberkulösen Virus sein kann, ist meines Wissens bislang nicht experimentell geprüft; doch dürften bei der grossen Verbreitung der Rindertuberkulose auf der einen, der Häufigkeit künstlicher Ernährung der Kinder mit Kuhmilch auf der andern Seite, schon die erwähnten Thatsachen den Schlüssel für die Häufigkeit primärer Darmphthise im Kindesalter abgeben. Dass es im Uebrigen für den Verlauf der Tuberkulose im Darmkanal von keiner erheblichen Bedeutung ist, ob das Virus mit verschluckten Sputis oder mit getrunkener Milch aufgenommen wird, bedarf ebensowenig besonderer Erwähnung, als es nöthig sein dürfte, hervorzuheben, wie sehr die öfters beobachteten Fälle einer hochgradigen Verkasung der Mesenterialdrüsen bei kaum erkranktem Darme unserer Aufstellung das Wort reden. Vielleicht aber ist das Gebiet der Fütterungstuberkulose noch viel grösser. Wenigstens darf die Frage wohl aufgeworfen werden, ob nicht alle die sogenannten scrophulösen Entzündungen der Lippen, der Mundhöhle und des Rachens und insbesondere die verkäsenden Anschwellungen der Halslymphdrüsen, welche bekanntlich der Scrophulose den Namen gegeben haben, einer directen Aufnahme des tuberkulösen Virus mit der Nahrung, im Wesentlichen wohl auch hier infectiöser Milch, ihren Ursprung verdanken.

Eine fernere wichtige und für unsere Fragestellung schon mit Rücksicht auf die Syphilis besonders interessante Krankheitsgruppe ist die Urogenitaltuberkulose. Eine so directe Infection durch unmittelbare Uebertragung, wie bei der Syphilis, wird man hier freilich nicht erwarten dürfen — wenn schon sie nicht unmöglich wäre. Denkbar wäre es zum Mindesten, dass ein Mann durch den Coitus mit einer Frau, die an Uterustuberkulose leidet, selbst eine Urethraltuberkulose acquirirt, und auch das wäre vielleicht zu erwägen, ob nicht ein Mann mit Tuberkulose der Lungen oder eines andern Organes mittelst des Samens, falls in diesen das tuberkulöse Virus übergeht, die Krankheit auf die Genitalschleimhaut einer Frau übertragen kann. Immerhin sind dies gewiss Ausnahmefälle und desshalb unwichtig gegenüber dem gewöhnlichen und jedenfalls ausserordentlich viel häufigeren Wege, auf dem die Urogenitaltuberkulose entsteht. In

der Regel nämlich pflegt sie eine Ausscheidungs-
krankheit zu sein; das irgendwo aufgenommene und in
den Säften des Körpers circulirende Virus wird, wie weitaus die meisten gelösten oder aufgeschwemmten fremden
Substanzen des Blutes, in den Nieren ausgeschieden,
und zwar zweifellos, gleich Zinnoberkörnchen, Oeltropfen,
Milchkügelchen und punkt- oder fadenförmigen Bacterien,
durch die Glomeruli. Auf diese Weise gelangt es in die
Harnwege, und überall, wo es daselbst haften bleibt, kann
es den Anstoss zur Entwicklung von Tuberkeln geben.
Am Häufigsten geschieht das schon in den offenen Harn-
kanälchen der Pyramiden, resp. den Nierenkelchen; doch
kann auch im Nierenbecken, im Ureter, in der Blase, ja
selbst in dem Prostataabschnitt der Urethra die Tuberkulose zum Ausbruch kommen. Denn nur dieser erste
Ausbruch bedarf der Erklärung; ist der einmal erfolgt,
so ist in dem zusammenhängenden Kanalsystem dieser
Organe die Weiterausbreitung direct gegeben. So kriecht
denn die Tuberkulose, am leichtesten in der Richtung
des Harnstromes, gelegentlich aber auch diesem entgegen,
continuirlich oder auch mit Ueberspringung einzelner Abschnitte, von dem Nierenbecken auf den Ureter, von da
auf die Harnblase, dann zuweilen auf den zweiten Ureter
und diesen hinauf bis zur Niere, häufiger aber auf die
Urethra; beim Mann wird nun die Prostata ergriffen, von
hier aus durch die Ductus ejaculatorii die Samenblasen
und weiterhin Vas deferens, Epididymis und Hoden; auch
kann der Process an der Kreuzungsstelle direct vom

Ureter auf das Vas deferens übergreifen. Bei der Frau
hat die eigentliche uropoetische Tuberkulose denselben
Verlauf; für die weibliche Genitaltuberkulose dagegen,
deren Sitz ja höchst selten die Vagina, überwiegend häufig
dagegen die Tuba und in zweiter Linie die Uterus-
schleimhaut ist, macht die anatomische Anordnung der
Theile eine directe Fortleitung von den Harnwegen aus
sehr unwahrscheinlich. Der Zusammenhang pflegt auch
ein anderer zu sein. In der sehr grossen Mehrzahl der
Fälle gelangt das Virus in die Tuba vom Peritoneum aus, das man bei weiblicher Genitaltuberkulose
höchst selten frei von Tuberkeln findet.

Ergiebt sich demnach aus einer genauern Analyse,
dass die Urogenitaltuberkulose nur ganz ausnahmsweise
die wirklich primäre Manifestirung der Tuberkulose ist,
so kann man dasselbe nicht von einigen andern Localisationen sagen. Von der Meningealtuberkulose z. B.
soll nicht bestritten werden, dass man auch abgesehen
von den chronischen Phthisikern, bei denen die Hirn-
hauterkrankung nur die Katastrophe beschleunigt, gewöhnlich noch diese oder jene kleine Lungen- oder
Drüsenheerde in den Leichen der an der Meningitis Ver-
storbenen findet. Indess ist dies, insbesondere bei den
Erkrankungen der Kinder, keineswegs constant, und über-
dies, wie soll man sich die Wanderung des Virus von
derlei entfernten Heerden gerade in die Pia mater vorstellen? Mir erscheint es entschieden wahrscheinlicher,
dass das Virus auf einem directeren Wege in die Hirn-

haut geräth, und wenn auch eine Vermuthung, der Weigert eine Zeit lang nachgegangen ist, dass nämlich die
obere Nasenhöhle mit den die Siebbeinplatte durchsetzen-
den Kanälen die Eingangspforte zur Schädelhöhle für das
Virus bilde, bisher sich nicht hat verificiren lassen, so
ist dies doch nicht der einzig mögliche Weg, auf dem die
Pia erreicht werden kann. Fast noch räthselhafter dün-
ken mich bislang die primären Tuberkulosen der
Knochen. Freilich nicht jede spitzwinklige Kyphose ist
tuberkulös, und nicht jede eingedickte, weisse Exsudat-
masse, welche die Lücken eines cariösen Wirbels aus-
füllt, ist infectiös; denn Eitereindickung und Verkäsung
ist ja nicht dasselbe und vollends haben wir Verkäsung
und Verkäsung unterscheiden gelernt. Aber es bleiben
doch noch etliche Fälle von unzweifelhaft tuberkulöser
Caries übrig, und auch von den fungösen Gelenkent-
zündungen wissen wir ja jetzt, dass, wenn auch nicht
alle, so doch sicherlich sehr viele von ihnen tuberkulöser
Natur sind. Und gerade solche Erkrankungen werden
nicht zu selten bei Individuen beobachtet, bei denen auch
die sorgfältigste klinische, resp. anatomische Untersuchung
keine erheblichen anderweiten Localisationen der Tuberkulose aufzudecken vermag! Dass aber in der überwie-
genden Mehrzahl dieser Fälle ein Trauma der betreffenden
Region dem Ausbruch der Tuberkulose vorausgegangen,
ist zwar unleugbar, indess wenig geeignet, den Hergang
verständlich zu machen. Ein Trauma kann ja, wie auf
der Hand liegt, nicht der cutanen oder subcutanen

Impfung mit tuberkulöser Substanz an die Seite gesetzt werden, und die Annahme ist desshalb durchaus unstatthaft, dass das Trauma an sich die Tuberkulose könne hervorgerufen haben. Soviel ich sehe, bleibt kaum etwas anderes übrig, als die Annahme, dass das von irgend woher in den Körper gelangte und im Blute vielleicht mit den Blutkörperchen circulirende Virus am Orte des Trauma von den in Folge der traumatischen Entzündung durchlässig gewordenen Gefässen reichlich exsudirt, extravasirt werde: eine Annahme, welche, wenn ich nicht irre, in den Erfahrungen über Zinnober- u. a. Körnchen, die ins Blut infundirt worden, eine gute Stütze findet.

Mehrmals ferner haben wir schon einen Punkt berührt, der die Weiterverbreitung der Tuberkulose im Organismus in einer ganz besondern Weise ermöglicht, nämlich den Transport des Virus im Blutkreislauf. Dass das tuberkulöse Virus, mag es in den Lungen, im Darm oder wo immer sonst aufgenommen sein, früher oder später in die Circulation gerathen und von hier überall hin verschleppt werden wird, braucht nicht erst bewiesen zu werden. Für gewöhnlich geschieht indess, von der Leber abgesehen, eine Verbreitung auf diesem Wege nicht, weniger wohl, weil es noch besonderer Bedingungen bedürfte, um von den Gefässen aus eine Infection der Umgebung zu bewerkstelligen, als weil die jeweilig circulirende Menge des Virus dazu nicht gross genug ist. Unter besonders günstigen Umständen aber kann es gerade auf diesem Wege zu tuberkulösen Loca-

lisationen kommen, die an Entfernung vom primären
Heerde den typischesten metastatischen Entzündungen
und Geschwülsten in nichts nachstehen. Auf solche
metastatische Tuberkel stösst man in den Leichen
der gemeinen Phthisiker das eine Mal im Hirn, ein anderes Mal in einem Knochen, dann wohl im Hoden oder
der Nebenniere, der Schilddrüse oder der Milz. Rechnet
man endlich zu alledem noch die vielfachen im Obigen
nicht besprochenen Möglichkeiten der localen Weiterinfec-
tion, z. B. vom Peritoneum auf die Milz oder durch die
Lymphbahnen des Zwerchfells auf die Pleura, von der
Pleura auf den Herzbeutel und von da auf das Herz-
fleisch, von der Pia mater auf die Dura etc., so kann es
wahrlich nicht überraschen, dass in einzelnen Fällen eine
ausserordentlich grosse Zahl von Organen tuberkulös ist,
und nur sehr wenige Theile existiren, in denen man bei
genauer Untersuchung keine Tuberkel findet. Dazu bedarf es freilich bei dem in der Regel langsamen Fort-
schreiten des Processes meistens eine beträchtliche Zeit,
der Art, dass die überwiegende Mehrzahl der chronischen
Phthisiker früher der Krankheit zu erliegen pflegt, ehe
sie eine solche Verbreitung gefunden.

Nun aber giebt es gewisse Fälle von Tuberkulose,
welche dadurch in höchst auffälliger Weise ausgezeichnet
sind, dass die Krankheit nicht blos sehr zahlreiche Organe
des Körpers ergreift, sondern dass dies obendrein in sehr
kurzer Zeit, selbst im Zeitraume von nur wenigen Wochen
geschieht: es ist dies diejenige Form der Tuberkulose,

welche man als allgemeine acute Miliartuberkulose
zu bezeichnen pflegt. Ihr Verhalten ist in der That so
abweichend von dem gewöhnlichen Verlauf der Tuberkulose, dass seit lange schon die Pathologen sich bemüht
haben, die Gründe für diese Besonderheiten aufzudecken.
Unter den mannigfachen hinsichtlich dieser Krankheit er-
sonnenen Theorieen ist keine lebhafter discutirt worden,
als die Aufstellung Buhl's, wonach neben den diversen
Miliartuberkeln immer ein älterer käsiger Heerd im Körper existire, der gewissermassen den Ausgangspunkt der
acuten Eruption bilde. Heutzutage ist freilich für denjenigen, der in der Tuberkulose überhaupt eine Infectionskrankheit erkennt, jene Formulirung bedeutungslos, da
wir den Käseheerd doch nur dann mit der Tuberkulose
in Verbindung bringen würden, wenn er selbst schon ein
Product des Virus ist. Nicht die infectiöse Natur der
Knötchen ist ja für uns in Frage, sondern lediglich woher
es komme, dass in diesen Fällen das Virus in so kurzer Zeit so ungemein zahlreiche Knötchen hervorgerufen hat. Dies kann, soviel ich sehe, seinen
Grund nur darin haben, dass grosse Mengen des Virus
in kurzer Frist in die allgemeine Säftecirculation gelangen, und der ganze Verlauf der acuten allgemeinen Miliartuberkulose würde am ehesten verständlich sein, wenn
sich zeigen liesse, dass in diesen Fällen die Gelegenheit
zu einer verhältnissmässig raschen Ueberschwemmung
des Gefässsystems mit Virus vorhanden ist. In dieser
Beziehung ist es nun von grossem Interesse, dass Ponfick

— 33 —

in Fällen von acuter Miliartuberkulose eine Tuberkulose und käsige Infiltration des Ductus thora-
cicus beobachtet hat. Doch dürfte dies nur ein seltenes
Vorkommniss sein, wenn ich wenigstens daraus schliessen
darf, dass ich in den seit Ponfick's Mittheilung ver-
flossenen drei Jahren nur in drei Fällen von acuter Miliartuberkulose eine Erkrankung des Ductus constatiren
konnte, und ich glaube desshalb, dass für unsere Frage
ein anderes Verhältniss noch wichtiger ist, auf welches
Weigert kürzlich die Aufmerksamkeit gelenkt hat. Er
hat nämlich in mehreren Fällen der in Rede stehenden
Krankheit eine Tuberkulose der Blutgefässe der
Lungen, und zwar sehr characteristisch der Lungenvenen, gefunden, gewöhnlich in der Weise, dass von
einer benachbarten tuberkulösen Affection der Pleuren,
der Bronchialdrüsen oder des Mediastinum der Process
auf die Wand einer grösseren Lungenvene übergegriffen,
und nun in das Lumen der letzteren eine ganz volumi-
nöse käsige Masse hineinragte. Weitere Untersuchungen
müssen darüber entscheiden, ob in andern Fällen von
acuter Miliartuberkulose noch andere, bisher unbekannte
Localisationen des Processes eine bedeutsame Rolle spie-
len; soviel lässt sich aber schon heute sagen, dass mit
dem Nachweis der Tuberkulose des Brustgangs und besonders der Lungenvenen die postulirte rasche Ueberschwemmung des Gefässsystems mit Virus begreiflich geworden und die acute Miliartuberkulose dadurch viel von
ihrer Räthselhaftigkeit verloren hat.

3

Den directesten Gegensatz zur acuten allgemeinen Miliartuberkulose bilden diejenigen Fälle, in denen die Krankheit auf ein oder doch sehr wenige Organe beschränkt ist und bleibt. Solche Fälle sind so selten eben nicht. Junge Menschen, die im Uebrigen vollständig gesund, eine oder ein paar käsige Drüsen am Halse tragen, gehören besonders in gewissen Gegenden zum täglichen Brot der chirurgischen Kliniken. Andererseits findet sich öfters gerade in den Leichen von Greisen, z. B. der Insassen von Siechenhäusern, die an chronischer Arteriosklerose oder auch an irgendwelchem Hirnrückenmarksleiden etc. zu Grunde gegangen sind, nur in einem einzigen Lungenlappen oder einer Pleura eine mehr oder weniger reichliche Tuberkeleruption. Dann gehören hierher die ziemlich zahlreichen Fälle von fungös-tuberkulöser Gelenkentzündung bei sonst ganz gesunden Individuen, welche für unsere Frage gerade dadurch besonders interessant geworden sind, weil sie den Anlass zu der Bezeichnung „locale Tuberkulose" gegeben haben. Allerdings kann ich Volkmann darin nur zustimmen, dass dieser Name kein glücklich gewählter war. Wie viele Organe müssen denn ergriffen sein, damit man im Gegensatze zur localen von echter Tuberkulose sprechen kann? Bei einer örtlich fortschreitenden Infectionskrankheit, wie der Tuberkulose, kann es für die Diagnose in der That darauf gar nicht ankommen, wie weit dieselbe fortgeschritten ist, sondern nur, ob sie überhaupt fortschreitungsfähig, d. h. infectiös ist. Entweder sind

die Knötchen und die Käsemassen tuberkulös, oder sie
sind es nicht. Darüber entscheidet massgebend nicht der
Sitz und die Menge der Knötchen, sondern, wenn Zweifel
obwalten, das Experiment, und dieses hat auch für die
locale Tuberkulose längst positiv entschieden. Insbesondere verfüge ich nicht blos hinsichtlich der scrophulösen
Halsdrüsen, sondern auch der fungösen Massen tuberkulöser Synovitis über mehrfache ausgezeichnet erfolgreiche
Versuche mit theils dem gewöhnlichen, theils etwas ver-
längertem Incubationsstadium, und auch König giebt an,
durch Impfung fungöser Gelenkwucherungen Tuberkulose
bei Kaninchen erzeugt zu haben.

Doch scheint mir die Thatsache, dass die Tuberkulose trotz ihrer eminenten Infectiosität zuweilen „local“,
d. h. auf ein Organ beschränkt bleibt, so auffällig oder
gar einer Erklärung unzugänglich nicht zu sein. Wer
kann wissen, ob nicht die locale Tuberkulose der Greise
lediglich durch deren Ableben am Weiterschreiten gehin-
dert worden? Auf die Kürze der Lebensdauer wird man
freilich bei den Menschen mit scrophulösen Halsdrüsen
nicht recurriren dürfen, die ja, selbst wenn die Drüsen
nicht exstirpirt werden, oftmals viele Jahre und Jahr-
zehnte von aller Phthise verschont bleiben. Aber man
wolle das Eine nicht vergessen, dass nämlich die
tuberkulöse Infection vom menschlichen Organismus
auch überwunden werden, d. h. heilen kann. In welcher Weise dies geschieht, darüber sind wir vermöge
unserer Unbekanntschaft mit den Eigenschaften und der

Biologie des tuberkulösen Virus zur Zeit nicht unterrichtet, und es mag daher einem Jeden überlassen bleiben, ob er sich lieber vorstellen will, dass das Virus vom
Körper ausgeschieden wird, oder dass es seine Entwick-
lungs- und Fortpflanzungsfähigkeit einbüsst oder A. m.
An der Heilungsmöglichkeit aber kann nicht im Gering-
sten gezweifelt werden. Auch kennt die pathologische
Anatomie ja längst schon einerseits in der Verkreidung,
andererseits in der Vernarbung nach Erweichung und
Ulceration, die Ausgänge unzweifelhaft tuberkulöser Processe. Bis es aber zu diesen Endausgängen kommt, kann
sehr verschieden lange Zeit vergehen, und inzwischen
bleiben die Producte der ursprünglichen Infection in ihrer
wenig veränderten, characteristischen Beschaffenheit be-
stehen, ohne dass nun neue Tuberkel oder Verkäsungen
in anderen Organen sich entwickeln. Wem es aber
schwer glaublich scheinen sollte, dass der Effect der Infection über die Eingangspforte und vielleicht die nächs-
ten Lymphdrüsen nicht hinausgehen würde, den erinnere
ich an die Syphilis. Wie oft geschieht es hier bei
zweckmässiger Behandlung, mitunter indess auch ohne
diese, dass auf das Hautexanthem und vielleicht die
Rachenerkrankung kein anderer specifischer Affect erfolgt!
Vollends sind noch ungemein viel zahlreicher die Fälle
von specifischer Infection, bei denen sich zwar ein locales
Geschwür und allenfalls eine Inguinaldrüsenanschwellung
oder Vereiterung ausbildet, der übrige Organismus aber
völlig verschont bleibt. Ob wirklich dieser letzten Kate-

gorie von Erkrankungen oder dem sogenannten „weichen"
Schanker ein anderes Virus zu Grunde liegt, als dem
„harten" mit consecutiver constitutioneller Syphilis, in
diese einstmals so brennende Streitfrage einzutreten, finde
ich hier um so weniger Veranlassung, als, wenn ich mich
nicht täusche, die Zahl der Dualisten im Laufe der Jahre
immer kleiner geworden ist. Die Erfindung des Chancre
mixte hat ja allein schon zur Genüge dokumentirt, auf
wie schwachen Füssen die rein dualistische Anschauung
steht, die meines Wissens unter den pathologischen Ana-
tomen niemals Anhänger gehabt hat. Entspricht aber
die monistische Lehre den Thatsachen und existirt wirklich nur ein einziges syphilitisches Virus, nun, so ist die
Analogie mit der Tuberkulose in der That eine sehr weit-
gehende. Das Ulcus specificum ohne secundäre Erkrankung des Körpers, in der Regel also der weiche, zuweilen
aber auch ein harter Schanker, entspricht der localen
Tuberkulose, z. B. der fungösen Gelenktuberkulose, der
Halsscrophulose, während die constitutionelle Syphilis dem
correspondirt, was wir unter der gewöhnlichen mehr oder
weniger allgemeinen Tuberkulose verstehen, und was wir
sicherlich mit eben so gutem Recht als constitutionelle Tuberkulose bezeichnen könnten.

Aber noch einen andern Umstand giebt es, um das,
wenigstens zeitweilige, Localbleiben der Tuberkulose verständlich zu machen. Von der Syphilis steht es seit
lange nur zu fest, dass das völlige Verschwinden eines
specifischen Affects keine absolute Sicherheit für die Hei-

lung gewährt, dass vielmehr noch nach Jahren, ohne
Intercurrenz einer zweiten Infection, ein neuer Affect die
Fortdauer des Virus im Organismus dokumentiren kann.
Worin der Grund für diesen zuweilen so langdauernden
Stillstand der Krankheit zu suchen, ist freilich nicht bekannt; doch hat es mir immer plausibler geschienen, dass
diese Latenz nicht aus einer zeitweiligen Unwirksamkeit
des Virus, sondern aus einer erhöhten Widerstandsfähigkeit des befallenen Organismus erklärt werden müsse.
Nicht anders verhält es sich mit der Tuberkulose. Ich
spreche hier nicht von der Empfänglichkeit für das tuberkulöse Virus überhaupt. Dass unser Geschlecht für letz-
teres im hohen Grade empfänglich ist, darüber geben die
Mortalitätslisten aller Orten nur zu deutliche Auskunft,
und es dürfte sich schwer ausmachen lassen, ob es, wie
Volkmann meint, darin vom Kaninchen und Meerschweinchen übertroffen wird. Interessanter ist es vielleicht, dass nicht alle menschlichen Individuen gleich
empfänglich sind. Doch handelt es sich hier, wie gesagt,
nicht um diese primäre Empfänglichkeit, sondern um die
Empfänglichkeit für die Ausbreitung des Virus im Körper, resp. die Widerstandsfähigkeit des letzteren
gegen das Weiterschreiten des Virus. Dass in
dieser Beziehung sehr grosse individuelle Verschieden-
heiten vorkommen, darüber gestatten die Impfversuche
keinen Zweifel. Wenn man einer Reihe von Meerschweinchen oder Kaninchen gleich grosse Stücken aus
einer und derselben verkästen Lymphdrüse in die Bauch-

höhle oder in die vordere Kammer bringt, so tritt zwar
der erste Ausbruch der Tuberkulose bei allen in an-
nähernd gleicher Zeit und sehr übereinstimmender Form
auf, der weitere Verlauf des Processes aber zeigt die
denkbar grössten Ungleichheiten. Ein Thier erliegt bereits nach fünf Wochen, und bei der Section findet man
in fast allen Organen, Bauchfell, Leber, Milz, Lymphdrüsen, Lunge, Aderhäuten etc. Knötchen oder Verkäsungen; ein zweites lebt über zwei Monate, ein drittes selbst
ein Vierteljahr und darüber; bei diesem sind ausser dem
Auge die Lungen fast vollständig von Tuberkelmasse in-
filtrirt, bei jenem der Athmungsapparat fast ganz verschont geblieben, dagegen der Unterleib aufs Reichlichste
in allen seinen Organen durchsetzt; bei einem vierten
endlich geht zwar das Auge durch käsige Panophthalmitis
zu Grunde, indess bleibt das Thier im Uebrigen vollständig gesund, es magert nicht ab, frisst gut, bewegt sich
kräftig und hurtig, und wenn es nach vielen Monaten
getödtet wird, findet sich nirgends ausserhalb des Auges
ein tuberkulöser Affect. Wenn hiernach das Virus zwar
bei jedem Thiere haftet und sich ansiedelt, dessenunge-
achtet aber bei den verschiedenen Exemplaren die Organe
in so ungleicher Zahl und Zeit angreift, was anders soll
davon die Ursache sein, als die individuellen Eigenthümlichkeiten der einzelnen Thiere und ihrer Organe und Gewebe?

Sicherlich giebt es auch unter den Menschen analoge
Differenzen, d. h. während bei den Einen das Virus überall,
wohin es im Körper gelangt, sich einnistet und eine tu-

berkulöse Affection zu Wege bringt, gelingt es bei Andern dem Virus nur schwer und in manchen Organen gar nicht, sich festzusetzen, die Tuberkulose bleibt desshalb bei ihnen mehr oder weniger lange Zeit „local". Will Jemand diese ungleiche Widerstandsfähigkeit gegen die Ausbreitung des Virus als einen Ausfluss der Constitution des Individuum ansehen, so habe ich nichts dawider; nur würde ich es nicht für eine besonders glückliche Ausdrucksweise halten, wenn man auf Grund dieser Ungleichheiten eine vorhandene oder nicht vorhandene Disposition zur Tuberkulose formuliren wollte. Von einer Disposition zur Cholera oder zum Scharlach spricht Niemand, obwohl auch während der schwersten und langwierigsten Epidemie immer nur ein Bruchtheil der Bevölkerung eines Ortes ergriffen wird, d. h. unzweifelhaft viel weniger, als in den directen Bereich des Contagium gekommen sind. In der That, wie viel Zufälligkeiten können dabei im Spiele sein, dass nicht Jeder, der mit dem ganz gewiss ungemein verbreiteten tuberkulösen Gift in Berührung geräth, auch wirklich tuberkulös wird! Auf der einen Seite sind uns die Eigenschaften, die Lebensschicksale und die Beding ngen, unter denen das Virus wirksam wird, noch völlig unbekannt; wer kann andererseits sagen, wie gross und besonders wie ungleich die Fähigkeit der verschiedenen Menschen ist, das bereits aufgenommene Virus wieder auszuscheiden, resp. im eigenen Organismus zu zerstören? Alle Menschen in ihrem Verhalten gegen das tuberkulöse Gift als gleichartig anzusehen, daran denke ich, wie man sieht, durchaus nicht, und ebensowenig bin ich gemeint, die grössere oder geringere Widerstandsfähigkeit gegen jenes mit grösserer oder geringerer Körperstärke zu identificiren; denn wer wüsste nicht, dass oft genug die allerschwächlichsten Menschen frei bleiben von Tuberkulose, während nicht minder oft Männer von wahrhaft athletischer Muskulatur und Knochenbau sogar in sehr kurzer Zeit der Phthise erliegen? Doch alles dies sind Erwägungen, die sich mehr oder weniger bei jeder Infectionskrankheit wiederholen; denn so einfach, wie bei den Reactionen der Physik oder Chemie, liegen die Dinge in der Pathologie nicht. Worauf es beruht, dass das Gift der Tuberkulose vermuthlich nicht bei allen Individuen, die in seinen Bereich kommen, haftet und jedenfalls nicht bei Allen sich weiterentwickelt, das muss Gegenstand fernerer Untersuchung sein, und ich würde die Aufstellung einer tuberkulösen Disposition oder Prädisposition schon um desswillen beklagen, weil ein derartiger Begriff nur zu sehr geeignet ist, die Vorstellung zu erwecken, als habe man es hier mit einer gegebenen, jenseits der Grenze wissenschaftlicher Untersuchungsmöglichkeit belegenen Grösse zu thun, und desshalb von weiteren Forschungen eher abschreckt, als zu denselben einladet.

Freilich ist der Glaube an die Existenz einer Disposition zur Tuberkulose sehr viel älter, als die ganze Infectionslehre, und er muss sich demnach noch auf andere Gründe stützen, als lediglich auf die ungleiche Empfänglichkeit der diversen Individuen für das Virus. Doch haben manche der anscheinend besten Stützen, auf denen diese Anschauung basirte, vor einer vorurtheilslosen Kritik nicht Stand gehalten. Wäre es wirklich begründet, was früher allgemein angenommen wurde, dass jedes einge-dickte Exsudat, jede verschleppte Bronchitis, jede irgend-wie entstandene Lungenentzündung Ausgangspunkt der Tuberkulose werden kann, so wäre die Präsumption wohl gerechtfertigt, dass die Menschen, bei denen solche Ent-zündungen statt des gewöhnlichen, ungleich harmloseren, einen so malignen Verlauf einschlagen, in ihrer Constitu-tion sich von den übrigen unterscheiden, dass sie, kurz gesagt, zu einem derartigen Schicksal prädisponirt sind. Heutzutage aber sehen wir die Sache ganz anders an. Wenn eine Pleuritis nicht zur Resorption gelangt, son-dern sich hinschleppt oder gar recidivirt, und hinterher die unzweideutigen Zeichen einer Lungentuberkulose zum Vorschein kommen, so zweifeln wir nicht mehr daran, dass die Pleuritis von Anfang an eine tuberkulöse ge-wesen. Ebendasselbe gilt von der Bronchitis und der Pneumonie, ebendasselbe auch von den Lymphdrüsen-schwellungen, die sich in die käsigen Tumoren der Scrophulose umwandeln. Denn, wie mehrfach betont, wissen wir heute, dass nur diejenigen hyperplastischen oder Entzündungsproducte gleich den Tuberkeln verkäsen oder die specifische tuberkulöse Verkäsung erleiden, welche selbst schon Product des tuberkulösen Virus sind.

Das Hauptargument aber der Anhänger der tuberkulosen Disposition ist immer die Heredität der Tuberkulose gewesen. Eine Fülle der schmerzlichsten Erfahrungen hat seit Jahrhunderten die Menschen darüber belehrt, dass die Nachkommen tuberkulöser Eltern jederzeit in Gefahr schweben, selber wieder ein Opfer der gefürchteten Krankheit zu werden; weil aber bei sehr vielen dieser Individuen die Tuberkulose erst nach Jahren eines anscheinend ungetrübten Wohlbefindens, häufig z. B. erst nach der Pubertät, zum Ausbruch kommt, so hat man daraus den Schluss gezogen, dass nicht die Tuberkulose selbst, sondern die Disposition, die Anlage dazu vererbt sei. Nun, wäre diese Folgerung unbestreitbar, so würde auch daraus kein zwingendes Argument gegen die Infectiosität der Krankheit abzuleiten sein. Steht es doch von der Syphilis nur zu fest, dass ihr Virus von beiden Eltern auf die Früchte übertragen werden kann, von denen Folge dessen die grosse Mehrzahl schon intrauterin oder doch sehr bald nach der Geburt, einzelne aber auch erst nach einem Latenzstadium von vielen Jahren erkranken. Nun fürchte ich freilich nicht, dass Jemand bei diesen Fällen der Syphilis tarda auf den Gedanken käme, dass nicht die Syphilis, sondern die Anlage zu derselben von den Eltern auf die Kinder vererbt sei; indess bildet, was bei der Syphilis seltenste Ausnahme, bei der Tuberkulose so sehr die Regel, dass man unwillkürlich stutzig wird in der consequenten Gleichstellung beider Vorgänge, und die Frage sich aufdrängt, ob denn die Vererbung der Tuberkulose in der

11

That so sichergestellt und wirklich ein so alltägliches Vorkommniss ist, wie der allgemeine Volksglaube es seit vielen Generationen annimmt. An sich ist eine Krankheit, wie die Tuberkulose, doch nicht einer geistigen oder körperlichen Eigenschaft gleichwerthig, von der man die Vererbungsfähigkeit a priori voraussetzen darf. Vielmehr kann die Vererbung solcher Krankheit meines Erachtens nur dann mit völliger Sicherheit erschlossen werden, wenn die Möglichkeit jeder andern Acquisition bei dem betreffenden Individuum ausgeschlossen werden kann, d. h. wenn ein Kind dieselbe mit auf die Welt bringt. Gerade weil die Syphilis schon das Leben zahlloser Früchte vergiftet, weil eine Syphilis congenita ungemein häufig beobachtet wird, darum ist ein Zweifel an der Vererbbarkeit der Lues nicht möglich; aus den Fällen von Syphilis tarda würde diese Folgerung schwerlich gezogen sein. Wie steht es nun in dieser Beziehung mit der Tuberkulose? Es giebt allerdings positive Angaben in der Litteratur über Tuberkulose des Fötus, aber sie sind dermassen selten, dass die betreffenden Fälle an den Fingern einer Hand aufgezählt werden können, und selbst von diesen ist es noch fraglich, ob alle richtig beobachtet und desshalb zuverlässig sind. Auch noch in den ersten Lebenswochen gehören Fälle von Tuberkulose zu den grössten Raritäten, und häufiger wird die Krankheit erst gegen Ende und mehr noch nach dem ersten Vierteljahr. Wenn aber ein Kind erst Wochen oder gar Monate eines extrauterinen Lebens hinter sich hat, wer möchte da noch die Garantie übernehmen, dass es niemals nach seiner Geburt einer Tuberkulose erzeugenden Schädlichkeit ausgesetzt gewesen ist? In Wirklichkeit beweist der Umstand, dass mehrere Mitglieder einer Familie tuberkulös werden, ja nichts Anderes, als dass in derselben Bedingungen existiren, welche die Tuberkulose hervorzurufen geeignet sind, und welch' günstigere Bedingungen kann es dafür geben, als das Vorhandensein eines Phthisikers in der Familie? Schon von anderer Seite ist darauf hingewiesen worden, dass vermuthlich ein grosser Theil der Kinder von tuberkulösen Müttern die Krankheit nicht durch Vererbung, sondern durch den Genuss der Muttermilch erwirbt; und dies ist doch nur Ein Modus der Uebertragung, neben dem es noch manche andere, gegenwärtig noch nicht genau zu präcisirende geben mag. Alles in Allem leugne ich, angesichts der erwähnten positiven Beobachtungen, nicht, dass die Tuberkulose vererbt werden kann; doch kann ich mich dem Eindrucke nicht erwehren, dass diese Vererbung wahrscheinlich ein seltenes Ereigniss ist und jedenfalls als ätiologisches Moment vollkommen in den Hintergrund tritt gegenüber der extrauterinen Infection. Sobald man aber auf diesen Standpunkt sich stellt, so verlieren augenscheinlich die auf die Heredität basirten Argumente für die tuberkulöse Disposition alles Gewicht. Allerdings um nun in jedem Einzelfall angeben zu können, wann und wie die Infection geschehen sei, dazu sind wir über die Bedingungen, unter denen das Virus haftet und insbesondere sich weiter-

entwickelt, viel zu wenig unterrichtet; doch dürfte es mit
anderweiten Erfahrungen und unseren allgemein-physiolo-
gischen Anschauungen nicht im Widerspruch stehen, wenn
wir Perioden, wie die Dentition und die Pubertät, als besonders geeignet für ein rapideres Umsichgreifen der Krankheit
halten, und nichts Anderes bedeutet gewiss in sehr vielen
Fällen der „Ausbruch" der Tuberkulose im Jünglingsalter.

So kommt denn in der gesammten Geschichte der
Tuberkulose Alles auf die Eigenthümlichkeiten des Virus
und seine Wirkung hinaus. Tuberkulös wird, nach unseren heutigen Anschauungen, Jeder, in dessen Körper
sich das tuberkulöse Gift etablirt. Die fernere Geschichte
des einzelnen Tuberkels, d. i. die Nekrose und insbesondere die so characteristische Form der Verkäsung, in
welcher die Nekrose auftritt, ist ebenso einzig und allein
Effect des Virus, als die etwaige Entzündung, mit der
die Eruption der Knötchen sich combinirt. Der Gang
endlich, welchen die Krankheit im Körper einschlägt,
wird ausschliesslich bestimmt durch die Wege, auf welchen das Virus sich verbreitet. Alles dies sind Momente,
welche die Tuberkulose mit den andern, örtlich beginnen-
den Infectionskrankheiten, als Syphilis oder Rotz, gemein
hat, und auf der anderen Seite giebt es in der ganzen
Geschichte der Tuberkulose nichts Besonderes und Cha-
racteristisches, was nicht aus der Eigenart des Virus sich
erklären liesse. Ist doch nicht einmal das Fieber pathogno-
monisch! im Gegentheil verlaufen so manche Scrophulosen
und manche tuberkulösen Arthritiden ganz ohne Fieber, das,

wie es scheint, erst mit Sicherheit hinzutritt, wenn im Verlaufe der Krankheit Ulcerationsprocesse oder eine massenhafte und besonders rasche Entwicklung von Knötchen Platz gegriffen, und wenn entzündliche Vorgänge damit concurriren. Wie verschiedenartig sich aber das Symptomenbild gestaltet, je nachdem die Lungen, der Darm, die Hirnhäute, die Genitalien etc. ergriffen sind, das braucht nur angedeutet zu werden: dass etwas Specifisches, gerade der Tuberkulose Angehöriges dabei nicht im Spiele ist, lehrt deutlich genug die Schwierigkeit, ja Unmöglichkeit, in vielen Fällen gerade die tuberkulöse Natur des Leidens zu diagnosticiren.

Wollte ich auf alle diese so mannigfachen Details hier noch näher eingehen, so würde ich Ziel und Rahmen dieser kleinen Abhandlung weit überschreiten müssen. Darum mag zum Schlusse nur noch einmal nachdrücklich auf die tiefe Analogie zwischen der Tuberkulose und einer Krankheit hingewiesen werden, welche im Laufe dieser Abhandlung vielfach erwähnt wurde, nämlich der Syphilis. Wie sehr sich diese Analogie der anatomischen Betrachtungsweise schon seit lange aufgedrängt hat, geht unzweideutig daraus hervor, dass Virchow beide Processe in seinem Geschwulstwerk an derselben Stelle unter den Granulationsgeschwülsten behandelt hat: heutzutage ist, Dank dem pathologischen Experiment, zu dieser morphologischen Uebereinstimmung die principielle und darum viel wichtigere der gleichartigen Aetiologie und von da aus des gleichartigen Processes hinzugekommen. Aber noch mehr: gleich als sollte all den Leuten, welche sich heute den wissenschaftlichen Thierversuch zum Objecte ihrer philanthropischen Kindereien auserwählt haben, die Bedeutung des Thierexperiments für die pathologische Forschung recht ad oculos demonstrirt werden, so hat uns dasselbe in wenigen Jahren mehr und besser aufgeklärt, als es die Jahrhunderte lange klinische und anatomische Beobachtung der Syphilis im Stande gewesen ist. Denn bis zum heutigen Tage sind wir für die Diagnose so mancher syphilitischen Affecte lediglich auf die Statistik angewiesen, obwohl deren Unzulänglichkeit gerade für die medicinische Beweisführung nur zu offen am Tage liegt, und so kommt es, dass über die Abhängigkeit etlicher wichtigster Affectionen von constitutioneller Syphilis gegenwärtig entgegengesetzte Meinungen herrschen, derengleichen das Experiment für die Tuberkulose definitiv unmöglich gemacht hat. Wesshalb ich aber ganz besonders die Analogie zwischen Syphilis und Tuberkulose zu betonen wünsche, das geschieht um eines Gesichtspunktes willen, der blos genannt zu werden braucht, um sogleich die ganze Tragweite desselben zu ermessen, nämlich der Frage der Ansteckungsfähigkeit der Tuberkulose. Dass eine Uebertragung der Krankheit von Person auf Person möglich ist und wahrscheinlich oft genug erfolgt, dafür haben die vorstehenden Auseinandersetzungen manchen Fingerzeig gegeben, auch liegen mehrfache, sehr beachtenswerthe Angaben darüber in der Litteratur, zumal der französischen und englischen, vor; doch muss es noch der Zukunft überlassen bleiben, die näheren Bedingungen zu erforschen, unter denen die Uebertragung erfolgt.

Leipzig, Druck von A. Edelmann.